... für Kinder erzählt

In der gleichen Reihe sind bisher erschienen:

Die Erde von oben für Kinder erzählt
Das Meer für Kinder erzählt
Vulkane für Kinder erzählt
Die Zukunft unserer Erde für Kinder erzählt
Die Tiere Afrikas für Kinder erzählt
Die Welt der Vögel für Kinder erzählt
Kinder in fernen Ländern für uns erzählt
Pferde für Kinder erzählt
Leuchttürme für Kinder erzählt
Wilde Tiere für Kinder erzählt
Die Sahara für Kinder erzählt
Die Raumfahrt für Kinder erzählt
Die Arktis für Kinder erzählt
Feste in fernen Ländern für Kinder erzählt
Schiffe für Kinder erzählt
Die Wunder der Welt für Kinder erzählt
Deutschland von oben für Kinder erzählt

Die Landwirtschaft in aller Welt

für Kinder erzählt

Bibliografische Information Der Deutschen Bibliothek
Die Deutsche Bibliothek verzeichnet diese Publikation in der Deutschen Nationalbibliografie;
detaillierte bibliografische Daten sind im Internet unter http://dnb.ddb.de abrufbar.

Titel der Originalausgabe: *L'Agriculture racontée aux enfants*
Erschienen bei Éditions de La Martinière SA, Paris 2007

Deutsche Erstausgabe

Ein Unternehmen der La Martinière Groupe

Umschlaggestaltung: Gudrun Bürgin
Satz: satz & repro Grieb, München
Druck: Proost, Turnhout
Printed in Belgium

ISBN 978-3-89660-466-8

www.knesebeck-verlag.de

Die Landwirtschaft in aller Welt
für Kinder erzählt

Texte von

Élise Rousseau und Philippe J. Dubois

Illustrationen von

Frédéric Malenfer

Aus dem Französischen von

Cäcilie Plieninger

KNESEBECK

Inhalt

Einleitung

Die Landwirtschaft versorgt uns mit Nahrung. Sie formt die Natur, in der wir leben, und gibt vielen Menschen Arbeit. Aber was wissen wir eigentlich über Bauern und ihre Betriebe, über Hühner, Schweine, Rinder, Obst, Gemüse und Getreide, über Biolandwirtschaft und fairen Handel?

Schon seit vielen Tausend Jahren bauen Menschen Pflanzen an und züchten Tiere. Bei uns, also in den reichen Ländern Europas, und in Amerika hat sich die Landwirtschaft während der letzten hundert Jahre sehr gewandelt, weil immer mehr moderne Maschinen erfunden und eingesetzt wurden. In den ärmeren Teilen der Welt jedoch, vor allem in Afrika und Asien, bearbeiten die Bauern ihre Felder immer noch mit einfachen Gerätschaften, so wie wir es vor 200 oder 300 Jahren taten.
Die Bauernhöfe und Felder sehen überall auf der Welt ein bisschen anders aus. Je nach Landschaft und Wetter vermehren sich andere Pflanzen und Tiere, und deshalb arbeiten die Landwirte auch auf unterschiedliche Weise.

Die Landwirtschaft ist entstanden, indem Menschen die Natur urbar machten. Aber vieles, was die Natur für uns bereithält – nicht nur Tiere und Pflanzen, sondern auch Wasser und Bodenschätze zum Beispiel –, ist nicht unbegrenzt vorhanden. Deshalb müssen wir mit diesen Dingen sparsam umgehen und die Natur schützen. Denn wenn sie stirbt, werden auch wir nicht mehr leben können.

Dieses Buch erzählt von der Landwirtschaft gestern, heute und morgen. Es zeigt Bauern auf der ganzen Welt und wie sie auf ihren Höfen und Feldern arbeiten. Und es berichtet über die Züchtung von Tieren und Pflanzen, die wir täglich brauchen, um uns ernähren zu können.

Die Anfänge der Landwirtschaft

Dieses Flachrelief aus der Mastaba des Ti, einem ägyptischen Grab, zeigt Bauern beim Melken einer Kuh. Die alten Ägypter betrieben auf dem fruchtbaren Land am Nil auch Ackerbau.

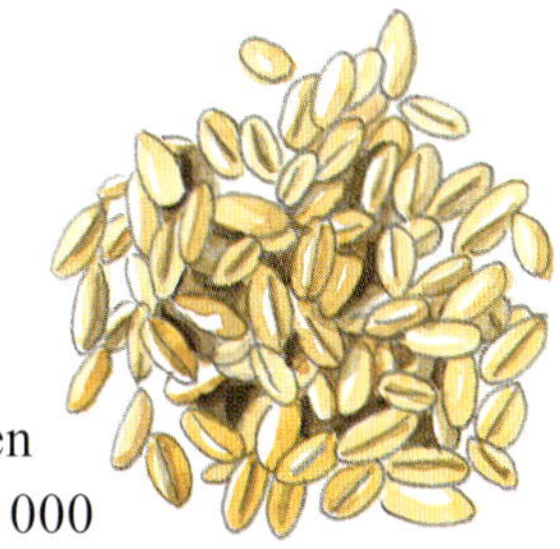

Von archäologischen Funden wissen wir, dass Menschen vor etwa 10 000 Jahren mit der Landwirtschaft begannen. Im Nahen Osten bauten sie Gerste, Weizen und Linsen an, in Mittelamerika Mais und Avocados. In Südamerika wurden Tomaten und Kartoffeln gepflanzt, in China Soja und Tee. In Zentralafrika entwickelte sich die Züchtung von Kaffee, in Südostasien und auf den Südseeinseln die von Bananen, Orangen und Reis.

Wahrscheinlich wendeten sich die Menschen der Landwirtschaft zu, weil sie sich als Jäger und Sammler nicht mehr ernähren konnten. Als die Menschen sesshaft wurden, entwickelte sich auch die Landwirtschaft: Zum ersten Mal in der Menschheitsgeschichte baute man feste Häuser und blieb an einem Ort. Statt durch die Gegend zu ziehen, Wild zu jagen und essbare Pflanzen zu sammeln, bauten die Menschen Pflanzen an und hielten Tiere.

Nach und nach erfanden sie auch landwirtschaftliche Geräte, die zunächst aus Stein und Holz gefertigt wurden. Im 1. Jahrhundert benutzte man die ersten Pflüge. Mit dem Pflug wurde nach der Ernte der Boden umgegraben und gelockert, damit man anschließend wieder einsäen konnte. Als die Menschen das Töpfern erlernten, fertigten sie auch Gefäße an, in denen sie die Lebensmittel länger aufbewahren konnten.

Ochsen gehörten zu den ersten Zugtieren, die in der Landwirtschaft eingesetzt wurden.

Von der Wildpflanze zur Kulturpflanze

Dieses Bild aus dem 16. Jahrhundert zeigt amerikanische Indianer bei der Aussaat auf dem Feld. Wir dagegen stellen uns die Indianer immer als Jäger und Krieger vor.

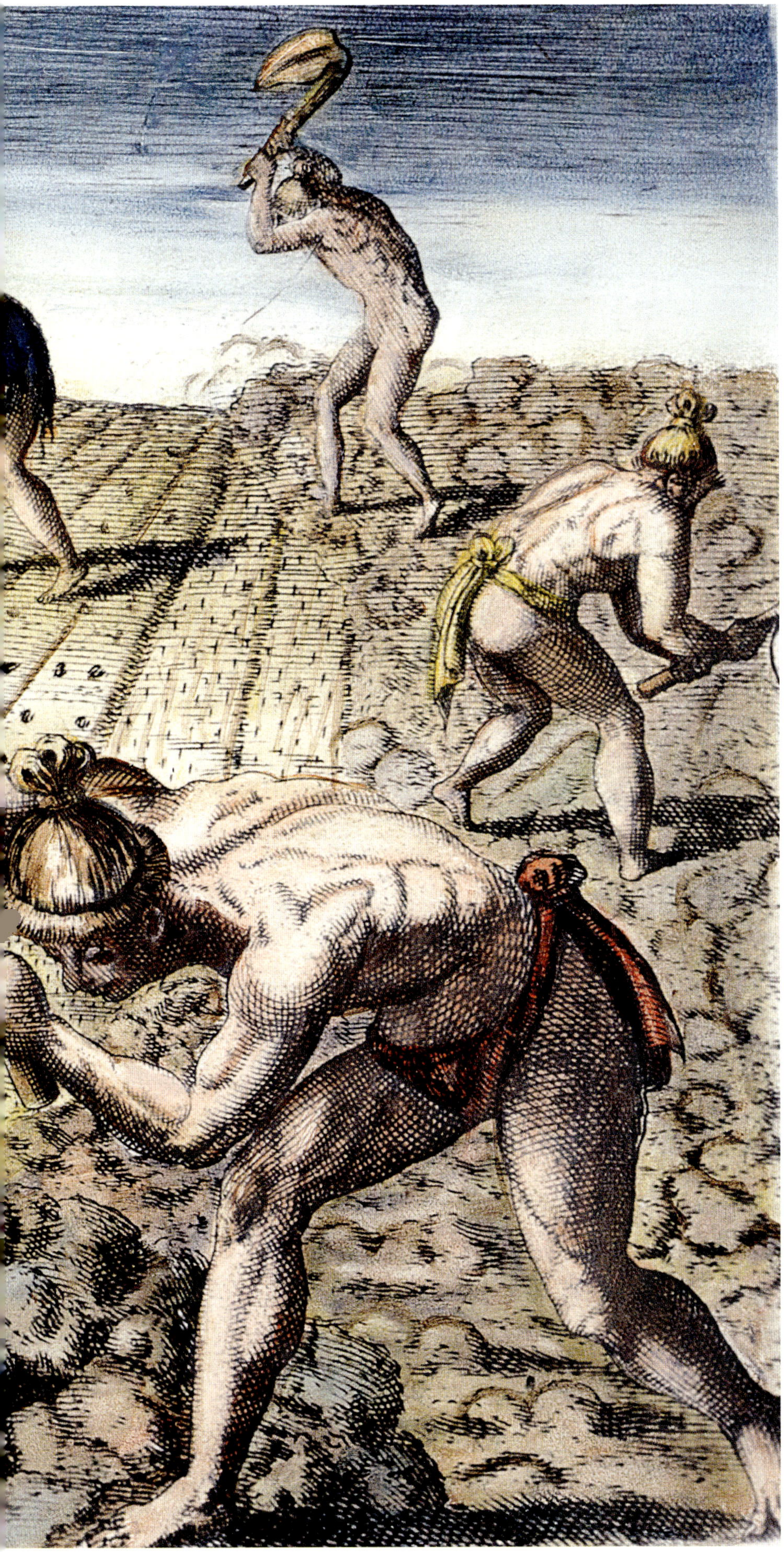

Bei dem Wort »Züchtung« denkt man erst einmal an Tiere. Aber auch Pflanzen werden gezüchtet. Als die Menschen mit dem Ackerbau begannen, hatten sie bereits Wildpflanzen geerntet. Nun fingen sie an, den Boden zu bearbeiten und das Saatgut der Wildpflanzen auszusäen. Da man aber mehr ernten wollte, reichte es nicht aus, immer wieder die Samen der geernteten Pflanzen auszubringen – man musste sie auch verbessern. Deshalb nahmen die Bauern eine sorgfältige Auslese vor: Sie wählten die Samen der besten Pflanzen aus, die sie dann wieder aussäten und vermehrten. Auf diese Art züchteten sie nach und nach Pflanzen, die einen größeren Ertrag brachten, leichter anzubauen und widerstandsfähiger gegen Krankheiten waren. Außerdem entstanden Früchte, die größer und länger haltbar waren. Unsere heutigen Möhren zum Beispiel haben kaum noch etwas gemein mit der wilden Möhre, die im Vergleich dazu winzig ist. Einige Obst- und Gemüsesorten haben, seit sie zum ersten Mal von Menschen angebaut wurden, eine wahre Weltreise gemacht. Die Kartoffel etwa stammt aus Peru und wurde erst im 16. Jahrhundert in Europa eingeführt. Hier gedieh sie prächtig und ist heute ein wichtiges Grundnahrungsmittel.

Die gezüchteten Früchte sind viel größer und fleischiger.

Die Tierzucht

Was hat der Jagdhund mit dem Wolf zu tun? Die Antwort ist einfach: Der Wolf ist der wilde Vorfahr aller Hunderassen, die sich im Laufe der Jahrtausende entwickelt haben.

Seit etwa 9000 Jahren halten die Menschen Haustiere. Zunächst fingen sie Wildtiere ein und zähmten sie. Daher stammen die heutigen Hunde vom Wolf ab, die Katze von der Wildkatze, das Schaf vom Wildschaf, das Schwein vom Wildschwein und so weiter. Die wilden Vorfahren einiger europäischer Nutztiere kamen ursprünglich aus fernen Ländern hierher. Das Bankivahuhn, der Urahn unserer Hühner, wurde zum Beispiel 5000 Jahre v. Chr. in Asien gezähmt und gelangte um 600 v. Chr. nach Europa. Die Vorfahren mancher Haustiere sind auch ganz aus der freien Natur verschwunden, so der europäische Auerochse, von dem unsere heutigen Rinder abstammen.

Im Laufe der Zeit züchteten die Bauern der verschiedenen Regionen jeweils ihre eigenen typischen Haustierrassen. Oft sind die Tiere nach ihrer Herkunft benannt, zum Beispiel das Schwäbisch-Hällische Landschwein oder das Coburger Fuchsschaf. Leider verschwinden diese widerstandsfähigen alten Rassen nach und nach von den Bauernhöfen. Sie werden von Nutztierrassen abgelöst, die zwar mehr Fleisch geben, schneller wachsen oder größere Eier legen, dafür aber anfälliger für Krankheiten sind. Einige alte Nutztierrassen sind bereits ausgestorben, schätzungsweise jede fünfte ist heute vom Aussterben bedroht: Von den rund 7500 Rassen, die es weltweit gibt, sind etwa 1500 gefährdet.

Am Anfang fingen die Menschen Wildtiere ein und zogen deren Junge auf.

Extensive und intensive Landwirtschaft

Enten aus der Massentierhaltung sehen ganz anders aus als die Enten auf dem Teich eines Bauernhofs. Die neuen Entenrassen sind das Ergebnis einer intensiven Landwirtschaft.

Bis vor etwa 60 Jahren waren die meisten europäischen Bauernhöfe noch kleine Familienbetriebe. Ziel der Landwirtschaft war es, die heimische Bevölkerung zu ernähren. Die vielen Kleinbauern produzierten für ihren eigenen Bedarf und verkauften, was sie übrig hatten, auf dem nächsten Markt. Sie bauten verschiedene Getreidesorten, Obst und Gemüse an und hielten nur wenige Nutztiere. Diese Form der Landwirtschaft, bei der die natürliche Fruchtbarkeit des Bodens genutzt wird und man die Felder in regelmäßigen Abständen brachliegen lässt, nennt man extensiv.

Nach dem Zweiten Weltkrieg veränderte sich die Landwirtschaft rasch. Die Bevölkerung wuchs, und landwirtschaftliche Erzeugnisse wurden nun auch in andere Länder ausgeführt. Die Bauern bewirtschafteten immer größere Flächen und spezialisierten sich: Die einen bauten nur Getreide an, die anderen hielten ausschließlich Rinder, Schweine oder Geflügel. So entstand nach und nach eine »intensive« Landwirtschaft. Die Erträge wurden gesteigert, indem die Äcker mit Kunstdünger versorgt und mehr Tiere in größeren Ställen gehalten wurden.

In den meisten Entwicklungsländern, vor allem in den tropischen Ländern Asiens und Afrikas, wird noch heute extensive Landwirtschaft betrieben. Dort produzieren die Bauern für den Eigenbedarf und verkaufen nur den Überschuss.

Leistungsstarke Traktoren haben Ochsen und Pferde ersetzt. Die Arbeit auf dem Feld geht damit viel schneller voran.

Vom Bauern zum Landwirt

Der Traktor hat das Arbeitspferd überflüssig gemacht. Heute führt der Landwirt seinen Hof wie ein kleines Unternehmen. Für die Arbeit braucht er viele Maschinen und technische Geräte.

Im letzten Jahrhundert hat die moderne Technik in die Landwirtschaft Einzug gehalten. Noch vor 70 Jahren wurden Eggen, Pflüge, Mäher, Dresch- und Erntemaschinen, die man für die Bewirtschaftung der Felder und Wiesen brauchte, vom Bauern selbst oder von Tieren (Pferden oder Ochsen) gezogen. Man brauchte viele Stunden, um eine Wiese zu mähen oder einen Acker zu pflügen.

Nach dem Zweiten Weltkrieg änderte sich das: Traktoren, Mähdrescher für die Getreideernte und elektrische Maschinen zum Melken der Kühe gehören mittlerweile zum Alltag eines jeden Landwirts. Der Landwirt führt seinen Betrieb wie ein richtiges kleines Unternehmen. Er steuert die Produktion seines Hofs mit dem Computer und führt genau Buch über seinen Viehbestand. Kranke Tiere behandelt er nicht mehr selbst, sondern holt den Tierarzt. Sollen sich seine Kühe fortpflanzen, so werden sie künstlich befruchtet.

Heute ist ein Landwirt gezwungen, seinen Hof ständig zu modernisieren, wenn er weiter im Geschäft bleiben will. Es gibt immer weniger Höfe, diese wenigen werden aber immer größer. Gleichzeitig arbeiten weniger Menschen in der Landwirtschaft als früher, weil die moderne Technik viele Arbeitskräfte überflüssig gemacht hat.

In den armen Entwicklungsländern wird die Feldarbeit heute noch verrichtet wie in Europa vor 200 oder 300 Jahren.

Arme und reiche Länder

Die Bauern in Simbabwe im südlichen Teil Afrikas arbeiten noch genau wie ihre Vorfahren. Diese Art der Landwirtschaft hat mit der in Europa wenig gemein.

In vielen Ländern der Erde kommt die Landwirtschaft immer noch ohne Maschinen, Dünger und Pflanzenschutzmittel aus. Heute arbeiten 28 Millionen Bauern mit Traktoren und anderen Maschinen, 250 Millionen dagegen noch mit Tieren: Ihr Pflug wird von einem Esel oder einem Ochsen gezogen. Es ist kaum zu glauben: Über eine Milliarde Bauern arbeiten nur mit der Hand oder einfachen Werkzeugen.

Immer noch gibt es einen großen Unterschied zwischen den wohlhabenden westlichen Ländern und den viel ärmeren Entwicklungsländern in Afrika oder Asien. Die Millionen von Landwirten aus den reichen Staaten beherrschen heute die Landwirtschaft auf der ganzen Welt. Sie ernten mehr und können daher auch mehr verkaufen. Die westlichen Länder unterstützen ihre Landwirte mit Geld, die Bauern der Entwicklungsländer dagegen müssen ohne solche Hilfe zurechtkommen. So vergrößert sich der Unterschied zwischen beiden: Die reichen Länder werden immer reicher und die armen immer ärmer.

Leider sind die reichen Länder auch die größten Umweltverschmutzer. Sie verunreinigen das Wasser und die Böden mit Jauche, Pflanzenschutzmitteln und Dünger.

Die Papuas auf Neuguinea bauen auf dem Land, das ihre Vorfahren urbar gemacht haben, Süßkartoffeln, Bohnen und Kürbisse an.

Der Bauernhof

Der Aussiedlerhof liegt abseits vom Dorf mitten in den Feldern. Zu dem landwirtschaftlichen Betrieb gehören neben dem Wohnhaus mehrere Stallungen und Nebengebäude.

Neben dem Hauptgebäude, in dem der Landwirt und seine Familie wohnen, gehören mindestens zwei weitere Gebäude zum Bauernhof: der Stall und die Scheune. Im Stall leben die Rinder, Schafe oder Schweine. Früher waren dort auch die Arbeitspferde untergebracht.

In manchen Gegenden sind die Kühe nur im Winter im Stall. Andernorts lässt man sie sogar das ganze Jahr über auf der Weide, oder sie können sich in einem großen Laufstall frei bewegen. Schafställe sind in Europa selten geworden; man findet sie vor allem dort, wo Menschen in ihrer Freizeit Schafe halten. Und der Schweinestall ist mittlerweile fast überall dem großen Mast- oder Zuchtstall gewichen.

Das zweite wichtige Gebäude ist die Scheune, in der Heu und Stroh lagern. Weil die landwirtschaftlichen Betriebe immer größer werden, bewahrt man in manchen Gegenden das Heu in riesigen Scheunen auf. Das Stroh dient dazu, den Boden der Ställe abzudecken (man nennt das Einstreu). Auch bei großer Trockenheit füttert man Kühen und Schafen manchmal Stroh. In anderen Gebieten sieht man in der Nähe landwirtschaftlicher Betriebe auch sogenannte Silos, das sind große zylindrische Behälter, in denen Grünfutter und Hackfrüchte zu Viehfutter vermischt werden.

Jeder landwirtschaftliche Betrieb besitzt heutzutage hochspezialisierte Maschinen: Schlepper, Kreiselmäher, Strohpressen, Mähdrescher, Anhänger, Sämaschinen, Walzen, Grubber, Eggen, Pflüge, Miststreuer, Güllefässer und vieles mehr. Diese Geräte werden meist in großen Maschinenhallen außerhalb der Ortschaften abgestellt.

Die Kühe können sich im Stall frei bewegen.

Der Geflügelhof

Auf dem Bauernhof finde
Tiere Unterschlupf. Hier
aus Schlamm und Erde ei
ziehen darin ihre Jungen g

Auf diesem Hof dürfen die Hühner und Enten frei herumlaufen. Die meisten Betriebe mästen ihr Geflügel heute im Freiland, also auf großen Wiesen, oder in Großställen.

Auf Geflügelhöfen werden Hühner, Enten, Puten, Gänse, Perlhühner und andere Geflügelarten gehalten. Manche Geflügelhöfe lassen ihre Tiere auf der Wiese frei laufen. Für frei laufende Hühner sind Misthaufen sehr wichtig, weil sie gern nach Würmern scharren. Die finden sie dort in Hülle und Fülle. Geflügel, das im Freiland groß wird, wächst langsamer und ist daher auch teurer als solches, das im Käfig oder im Großstall gehalten wird.

Die Geflügelhaltung in Großbetrieben ist in den vergangenen Jahren immer mehr kritisiert worden. Die Tiere werden sehr schnell gemästet und haben zu wenig Platz. Hühner beispielsweise können in solchen Ställen nicht herumlaufen und picken, wie es ihrem natürlichen Verhalten entspräche. Auch die Puten werden in der großen Enge der Großställe aggressiv und gehen aufeinander los. Weil viele Menschen das wissen und kein Fleisch von solchen Tieren kaufen wollen, entstanden mittlerweile immer mehr Freilandhöfe.

Auf einigen Freilandhöfen gibt es sogar einen kleinen Teich, auf dem die Enten schwimmen können. Auf einem Hof mit mehreren verschiedenen Geflügelarten kann man viel über das natürliche Verhalten der Tiere lernen und sie je nach Jahreszeit bei Rivalenkämpfen oder bei der Paarung beobachten. Mit etwas Glück sieht man sogar einmal ein Küken schlüpfen.

Im unteren Teil dieser alten Burganlage befindet sich der Hühnerhof.

Wildtiere auf dem

28

Der Hühnerhof

30

Hühner sind gesellige Vögel mit einer festen Rangordnung in ihrer Gruppe. Sie spazieren gern zusammen herum, immer auf der Suche nach kleinen Insekten und Körnern.

Von der französischen Gauloise Dorée über das Nordholländische Blaue Masthuhn bis hin zum Spanier-Huhn mit seinem weißen Gesicht gibt es Hunderte verschiedener Hühnerrassen. Hühner sind für die Landwirtschaft so wichtig, weil sie neben dem begehrten Fleisch auch Eier liefern, die ein wichtiger Bestandteil unserer Nahrung sind. Die Henne legt fast das ganze Jahr über Eier – bis zu 220 im Jahr. In einigen Großbetrieben hält man sogar Rassen, die bis zu 300 Eier im Jahr legen. Wird das Ei von einem Hahn befruchtet und nach dem Legen ausgebrütet, entwickelt sich im Ei ein Küken. Wenn das Küken ausgereift ist, pickt es die Schale auf, schlüpft und kann schon sehr bald laufen.

In der Massentierhaltung werden die Eier in Brutapparaten ausgebrütet, die viele auf einmal wärmen können. Für die Hühner ist die Haltung im Großstall qualvoll, denn sie leben eng zusammengedrängt: Fünf Hühner teilen sich einen winzigen Käfig. Diese Enge macht sie aggressiv. Damit sie sich nicht gegenseitig picken können, knipsen ihnen die Hühnerbauern daher die Schnabelspitze ab. Die männlichen Küken der Hennen werden nach dem Schlüpfen getötet, weil sie nicht mehr gebraucht werden: Auf mehrere Hennen kommt nur ein Hahn.

Die heutigen Hühnerrassen wachsen schneller und legen mehr Eier als früher. Dafür sind sie anfälliger für Krankheiten wie zum Beispiel die Vogelgrippe. Die sehr kräftigen älteren Hühnerrassen können das ganze Jahr über im Freien leben.

Hühnerrassen, die heute gezüchtet werden

New Hampshire

Challans

Sussex

Coucou de Rennes

Die Schweinehaltung

Das Ferkel beschnuppert seine Mutter, die Sau, mit dem Rüssel. Eine Muttersau wirft bis zu drei Mal im Jahr etwa elf Ferkel.

Das Hausschwein wird wegen seines Fleisches gehalten. Die Muttersau bringt mit jedem Wurf ungefähr elf Ferkel zur Welt und kann im Jahr zwei bis drei Mal werfen. Eine Kuh dagegen bekommt nur ein Kalb im Jahr. Weil sich die Schweine so gut fortpflanzen und ihr Fleisch sehr gut schmeckt, sind in Europa Fleisch- und Wurstwaren vom Schwein überaus beliebt, und die Schweinehaltung ist sehr verbreitet.

Nicht überall auf der Welt jedoch essen die Menschen Schweinefleisch: Bei Juden und Muslimen gilt das Schwein als unrein. Tatsächlich suhlen sich Schweine für ihr Leben gern im Dreck. So schützen sie sich gegen die Sonne und gegen Ungeziefer. Manchmal fressen Schweine auch Abfälle. Viele Menschen mögen zwar das leckere Schweinefleisch, finden aber die Tiere mit dem durchdringenden Quieken und dem unförmigen Körper alles andere als anziehend. Jemanden als Schwein, Sau oder Ferkel zu bezeichnen ist eine schlimme Beleidigung. Dabei vergessen wir, dass Schweine sehr intelligent sind, das ist wissenschaftlich erwiesen! Weil sie von ihrem biologischen Erbgut her mit dem Menschen verwandt sind, müssen viele Schweine leider auch für medizinische Versuche herhalten.

Das Wildschwein, der Vorfahr des Hausschweins, ist noch weit verbreitet. Das Weibchen heißt Bache oder Wildsau, das Jungtier Frischling.

Die Rinderhaltung

Die braune Alpenkuh hat an jedem Ohr eine Markierung. Das ist eine Art Personalausweis. Schon als Kalb, wenn sie ein paar Wochen alt ist, bekommt sie diese Ohrmarken.

Viele der mehreren Hundert Rinderrassen auf der Welt haben einen gemeinsamen Vorfahren, den Auerochsen, der mittlerweile ausgestorben ist. Der Auerochse wurde vor 8000 Jahren wegen seiner Milch und seines Fleisches in Europa und Asien gezähmt. Später diente er als Zugtier. In Europa begannen die Menschen bald mit der Zucht der Rinder. Sie wählten die Tiere aus, die am leistungsfähigsten waren, am meisten Milch gaben und am besten an Landschaft und Klima angepasst waren.

In den 1950er Jahren wurden plötzlich viele der alten Rassen nicht mehr weitergezüchtet, weil sie angeblich zu wenig Milch und Fleisch lieferten. Glücklicherweise haben einige Landwirte weiter alte Rinderrassen gehalten. Einige sind zwar mittlerweile ausgestorben, die meisten aber gibt es noch, und die Züchter haben sie sogar zu erstklassigen Milch- oder Fleischlieferanten weiterentwickelt.

Je nachdem, was man von dem Tier haben will, unterscheidet man Milchkühe und Fleischkühe. Typische Milchkuhrassen sind die Deutsche Schwarzbunte oder die Holstein Friesian, die in den USA aus europäischen Rassen gezüchtet wurde und heute auf der ganzen Welt verbreitet ist. Bekannte Fleischrindrassen sind das Charolais-Rind aus Frankreich, das Angus-Rind und das schottische Galloway. Fleisch oder Milch liefern in Deutschland zum Beispiel das Fleckvieh und die Deutsche Rotbunte.

In Europa werden die meisten Kühe auf der Weide oder im Stall gehalten. Im Gebirge grasen die Tiere im Sommer auf der Alm, einer Bergweide. In Amerika hüten Cowboys oder Gauchos auf dem offenen Grasland große Rinderherden.

Die elektrische Melkmaschine ist heute in allen westlichen Ländern üblich. Das Melken geht damit viel schneller als mit der Hand.

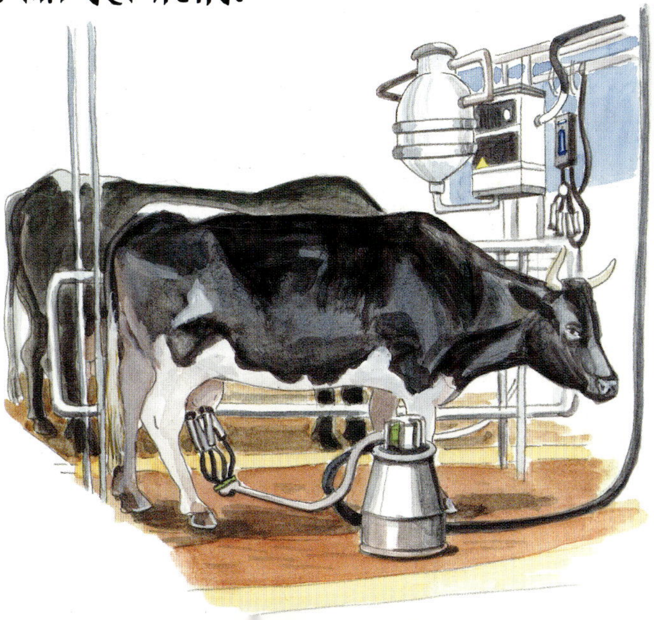

Pferde als Arbeitstiere

Die Percheron-Stuten aus Frankreich sind kräftige Kaltblüter. Viele dieser Pferde wurden in die USA ausgeführt, wo sich eine eigene Zuchtlinie entwickelt hat.

Das Pferd, das um 3500 v. Chr. zunächst wegen seines Fleisches gezähmt wurde, entwickelte sich für die Bauern bald zu einem nützlichen Arbeitstier. Indem nach und nach die kräftigsten Pferde zur Zucht ausgewählt wurden, entstanden im Laufe von Jahrhunderten verschiedene Arbeitspferderassen wie das Belgische Kaltblut, der Noriker oder der Percheron. Die robusten und starken Tiere zogen die Wagen mit Getreide, Stroh und Heu und transportierten Waren über weite Entfernungen. Auf dem Feld spannte man sie auch vor den Pflug.

Als gegen Ende des 19. Jahrhunderts der Verbrennungsmotor und später Traktoren und Lastwagen aufkamen, wurden die Pferde nach und nach überflüssig. Eine Zeit lang wurden die schweren Kaltblüter noch als Fleischlieferanten gehalten. Heute sieht man sie hin und wieder als Zugtiere bei Kutschfahrten. Einige schwere Rassen wie der Friese sind auch bei Freizeitreitern wieder sehr beliebt. Bis heute helfen Kaltblüter in bergigen Gegenden beim Transport von Holz.

Die vielen Kaltblutrassen belegen, wie wichtig Pferde früher für die Landwirtschaft waren. Jede Region besaß ihre eigene Pferderasse.

Kaltblutrassen

Bretonisches Zugpferd

Comtois

Ardenne

Viehmärkte und Landwirtschaftsmessen

Einmal im Jahr kommen Pferdezüchter aus dem ganzen Land in dieser großen Halle zusammen, um Pferde zu begutachten, zu kaufen und zu verkaufen.

Auf Viehmärkten können die Bauern Tiere kaufen oder verkaufen, Kollegen treffen und mit ihnen diskutieren. Früher gab es in jeder kleineren und größeren Stadt einen solchen Viehmarkt. Die Züchter von Rindern, Schafen, Pferden und Schweinen konnten sich dort über Haltung, Rassen, Krankheiten und Zuchtmethoden austauschen. Viele Bauern mussten zu Fuß weite Strecken bis zum nächsten Markt zurücklegen.

Heute, da es immer weniger Landwirte gibt, sind nur noch ein paar Viehmärkte übrig geblieben. Das Gespräch unter Fachleuten findet meist im Internet statt. Gelegentlich werden auch Tiere online gekauft oder verkauft. Auf die Viehmärkte kommen dafür Menschen aus weiter entfernten Gegenden als früher.

Auf Landwirtschaftsmessen werden auch die schönsten Exemplare einer Nutztierart prämiert – von Hühnern über Rinder bis hin zu Pferden. Wenn ein Landwirt hier für eines seiner Tiere einen Preis ergattert, ist das eine große Ehre für ihn. Bekannte Landwirtschaftsmessen sind die Internationale Grüne Woche in Berlin und die EuroTier in Hannover. Für Stadtmenschen sind Landwirtschaftsmessen und Ausstellungen eine gute Gelegenheit, sich Bauernhoftiere einmal aus der Nähe anzusehen und Landwirte aus der Region kennenzulernen.

Auf Landwirtschaftsmessen können die Landwirte ihren größten Stier oder ihre beste Milchkuh präsentieren und vielleicht einen Preis gewinnen.

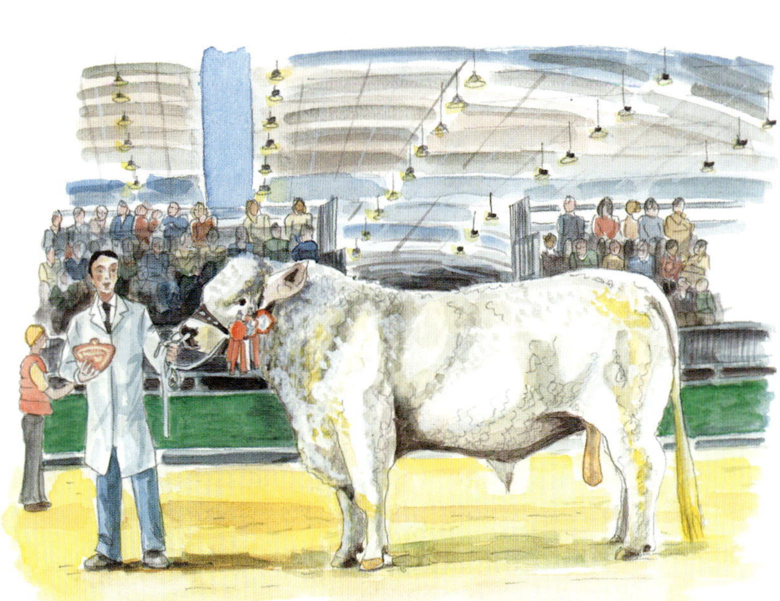

Ziegen und Schafe

In der marokkanischen Stadt Marrakesch findet ein Schafbasar statt. Einmal im Jahr kaufen die Muslime auf diesem Markt auch ein Schaf für das islamische Opferfest.

Ziegen und Schafe sind miteinander verwandt. Wie die Kühe gehören sie zur Familie der Horntiere. Im Gegensatz zu den meisten Schafen haben die Ziegen Hörner. Überall auf der Welt werden die Tiere wegen ihrer Milch, ihres Fleisches und der Haut gehalten, aus der Leder hergestellt wird. Aus Schaf- und Ziegenmilch kann man viele leckere Käsesorten machen.

Ziegen und Schafe werden meist in Herden gehalten, überwiegend in bergigen und trockenen Gebieten. Denn die Tiere sind robust und widerstandsfähig, können sich großer Hitze oder Kälte anpassen und fressen auch Hangwiesen ab, die sich nur schwer mähen lassen.

Das Schaf hat gegenüber der Ziege einen großen Vorteil: seine Wolle. Schafe werden im Frühjahr bei mildem Wetter geschoren. So erkälten sie sich nicht, wenn sie plötzlich kein Pelz mehr schützt. Weil die Schafwolle fetthaltig ist, wäscht man sie nach der Schur erst gründlich, ehe sie gekämmt und zu Garn gesponnen wird. Die Schafwolle verarbeitet man nicht nur zu Stoffen, sondern benutzt sie auch, um Häuser zu dämmen.

Beim Scheren muss man das Schaf festhalten, damit es nicht wegläuft oder sich verletzt.

Der Schäfer und seine Herde

Ein Schäfer mit seiner Herde im Mittleren Atlasgebirge in Marokko. Hier hüten die Schäfer ihre Schafe noch genauso wie ihre Vorfahren vor Hunderten von Jahren.

Eine große Schafherde ist ständig unterwegs, damit die Schafe genügend Gras finden. Außerdem muss die Herde vor Angriffen durch Wölfe oder streunende Hunde geschützt werden. Deshalb wird sie von einem Schäfer geführt, der einen oder mehrere Hütehunde bei sich hat. Der Schäfer wacht über seine Herde und führt sie zu den Wiesen, auf denen das saftigste Gras und die besten Kräuter wachsen. Schäfer sind oft allein, tagelang haben sie nur ihre Schafe und Hunde zur Gesellschaft.

Die Hunde helfen dem Schäfer bei der Arbeit: Sie halten die Herde zusammen, treiben Ausreißer zurück und bellen, wenn Gefahr lauert. Hütehunde können verschiedenen Rassen angehören. Sie sind flink, intelligent und bestens erzogen, und sie gehorchen den Befehlen des Schäfers auch noch aus weiter Ferne. Große Hunderassen wie der Pyrenäenberghund können die Herde sogar gegen Raubtiere verteidigen. Da in Mittel- und Westeuropa kaum noch Wölfe leben, gibt es hier solche Angriffe nur noch selten. Wenn aber doch einmal ein Wolf ein Schaf reißt, dann oft deshalb, weil die Schafe sich selbst überlassen waren und weder von einem Schäfer noch von Hunden beschützt wurden.

Der Border Collie ist ein intelligenter Hütehund. Schnell und geschickt treibt er die Herde zusammen.

Der Gemüseanbau

Auf diesem Feld baut der Gemüsegärtner mehrere Pflanzenarten an. Gemüse ist seit jeher neben dem Obst die wichtigste Vitaminquelle für uns Menschen.

Bei Gemüse kann es sich um die Frucht einer Pflanze handeln (Tomate), um ihre Blätter (Salat), ihre Wurzel (Karotte), ihre Zwiebel (Zwiebel), ihre Blüte (Artischocke) oder auch ihre Samen (Erbsen und Linsen). Besonders verbreitet ist der Anbau von Tomaten, die wegen ihres guten Geschmacks auf der ganzen Welt geschätzt werden. Aber auch Kohl und Zwiebeln sind beliebte Anbaugemüse.

Der Gemüsegärtner bearbeitet die Erde, sät und pflanzt, pflegt die Pflanzen und erntet das Gemüse. In Europa und Amerika bauen die Landwirte ihr Gemüse oft in Gewächshäusern an. Dort haben die Pflanzen Wärme und Licht. Dem Wasser, das sie bekommen, sind dann noch bestimmte Nährstoffe zugesetzt. Häufig wachsen sie nicht einmal mehr in Erde. Der Vorteil dieser Anbaumethode ist, dass das Gemüse auch bei schlechtem Wetter gedeiht. Der Landwirt braucht sich keine Gedanken über die Bodenqualität und die Witterung zu machen und kann größere Mengen Gemüse ernten, weil die Pflanzen besser und schneller wachsen.

Der Gemüseanbau in Gewächshäusern schädigt allerdings auch unsere Umwelt, denn wenn die Kokosfasern, die Steinwolle und andere Stoffe, auf denen die Pflanzen gezogen werden, ersetzt werden müssen, entsteht viel Abfall. Außerdem besitzt Gemüse, das auf diese Weise angebaut wird, weniger Vitamine als Freilandgemüse und schmeckt auch etwas fader.

Im Gewächshaus kann man Obst und Gemüse, lange bevor es auf dem Feld reif ist, ernten.

Die Obstplantage

Die Äpfel werden im Herbst geerntet, wenn sie ihre volle Reife erlangt haben.

Äpfel, Birnen, Pfirsiche und viele andere Früchte wachsen auf Bäumen. In einer Obstplantage stehen die Bäume meist in Reihen. Im Frühling blühen sie. Die hübschen Blüten erfreuen uns nicht nur, sondern sichern auch die Fortpflanzung des Baums. Insekten oder der Wind tragen den Blütenstaub von einer Blüte zur anderen und befruchten sie. Erst dann kann die Frucht wachsen. Aus dem Kern, also dem Samen dieser Frucht, kann dann wieder ein neuer Baum entstehen, und aus dessen Samen wieder ein neuer.

Im Sommer reifen die Früchte. Kirschen, Pfirsiche, Aprikosen, Äpfel, Birnen und Pflaumen wachsen zwischen Juni und Oktober heran. Weil die Früchte sehr empfindlich sind, muss der Obstgärtner sie, wenn sie reif sind, rasch ernten. Das tut er manchmal sogar vorsichtig von Hand, um sie nicht zu beschädigen.

Im Herbst, wenn die Früchte abgeerntet sind, pflanzt der Obstgärtner neue Bäume, um seine Plantage zu erweitern oder überalterte Bäume zu ersetzen. Im Winter ruhen die Bäume, die mittlerweile ihr Laub verloren haben. Und im Frühling schließlich beginnt ein neuer Wachstumskreislauf für sie.

Die Äpfel werden in der traditionellen Presse entsaftet. Heute verwendet man meist eine elektrische Presse.

Der Winzerhof

Bevor man mit dem berühmten Champagner anstoßen kann, müssen erst die hellen Trauben gelesen werden, die in der französischen Region Champagne wachsen.

Weintrauben wachsen an Weinreben. Der Winzer muss die robusten Weinstöcke im Winter schneiden, damit sie im Jahr darauf große und gute Trauben tragen. Eine ungeschnittene Rebe wuchert und trägt weniger Früchte. Zwischen Mai und Juni blühen die Weinstöcke. Im Sommer wachsen die Weintrauben heran, aber erst im September oder Oktober sind sie reif. Nach der Traubenernte, die man Weinlese nennt, wird der Wein gekeltert, also ausgepresst.

Weintrauben sind sehr süß. Deshalb kann man sie vergären, bis Wein entsteht. Die Gärung ist eine chemische Reaktion, bei der Zucker in Alkohol umgewandelt wird. Lässt man Weintrauben sehr lange reifen, dann schmecken sie schon leicht nach Alkohol. Einige Rebsorten werden sogar erst nach dem ersten Frost geerntet; daraus entsteht der schwere und edle Eiswein. Winzer stellen je nach Rebsorte und Verfahren unterschiedliche Weine her: Rot- und Weißweine, Roséweine, Perlweine und Sekt.

Nach Zitrusfrüchten, wie Orangen oder Zitronen, sind Weintrauben die am häufigsten angebauten Früchte der Welt. Seit Jahrtausenden keltern die Menschen Wein, und manche Winzer stellen wahre Luxusweine her: Ein erstklassiger Bordeaux aus dem Südwesten Frankreichs kann über 1000 Euro pro Flasche kosten! Frankreich ist mit einer Produktion von etwas über 5,9 Millionen Tonnen im Jahr der größte Weinproduzent der Welt, gefolgt von Italien und Spanien.

Heute werden die Flaschen nicht mehr von Hand abgefüllt und verkorkt, sondern mit Hilfe von Maschinen.

Der Getreideanbau

In Europa wird das Getreide von Juni bis August geerntet. Zuerst reifen Wintergetreide wie Wintergerste und Winterweizen. Dann folgen Sommerweizen, Roggen und Mais.

Getreide wie Mais, Weizen, Gerste, Dinkel und Hafer bildet seit Jahrtausenden die Grundlage unserer Ernährung. Das Getreide besteht aus einem Halm und einem Blütenstand, an dem die Körner reifen, der sogenannten Ähre. Die Getreidekörner werden geerntet, gemahlen oder geschrotet und dann weiterverarbeitet zu Brot, Nudeln, Haferflocken und vielen anderen Lebensmitteln. Der Halm bleibt nach der Ernte als Stroh übrig. Stroh dient oft als Einstreu oder als Futter für die Tiere.

In den Industrieländern werden für die Getreideernte riesige Maschinen eingesetzt, die Mähdrescher. Sie erledigen mehrere Arbeitsgänge auf einmal: Sie mähen die Getreidehalme ab, dreschen die Körner aus den Ähren und trennen sie vom Stroh. Dann reinigen sie die Körner und befördern sie in den Korntank. Wenn ein Mähdrescher seine Bahnen zieht, kann man nur hoffen, dass sich keine Tiere auf dem Feld befinden. Jedes Jahr fallen den Maschinen zum Beispiel Hunderte von Kornweihenküken zum Opfer. Die Kornweihe ist ein Greifvogel, der oft in Getreidefeldern nistet und unter Naturschutz steht.

Der Müller mahlt die Körner zu Mehl. Früher betrieb er seine Mühle mit Wind- oder Wasserkraft. Moderne Mühlen werden mit elektrischem Strom versorgt. Die Mehlsorte, die am häufigsten verwendet wird, ist das Weizenmehl, aber es gibt auch Mehl aus Roggen, Mais, Dinkel und anderen Getreidesorten zu kaufen.

Weizen, Mais und Gerste sind in vielen Ländern Grundnahrungsmittel.

Weizen

Mais

Gerste

Künstliche Bewässerung

Oft wird Flusswasser umgeleitet, um große Felder zu bewässern. Manchmal trocknen dann die Flüsse oder Seen, die aus ihnen gespeist wurden, aus.

Einige Kulturpflanzen, wie zum Beispiel der Wein, vertragen auch einmal längere Trockenperioden, während andere viel Wasser brauchen. Deshalb haben die Menschen schon früh Bewässerungssysteme entwickelt. Je nach Pflanze und Klima muss man mehr oder weniger gießen. In Israel zum Beispiel werden in einer sehr trockenen Landschaft Kopfsalat und Tomaten angebaut. Dafür verwendet man eine ausgeklügelte Bewässerungsmethode, die vom Computer gesteuert wird und den Pflanzen einen Wassertropfen pro Minute zuführt. Der Mais dagegen, der viel Wasser braucht, wird mit einer Art automatischer Gießkanne bewässert.

Oft verwendet man Grundwasser, das man aus tiefen Erdschichten heraufleitet. Dieses Wasser wird aber eigentlich für die Bevölkerung gebraucht. In vielen Teilen der Erde wird deshalb das Wasser knapp, es reicht immer weniger aus, um Pflanzen *und* Menschen zu versorgen. Der Aralsee in Zentralasien ist zum Beispiel deswegen schon zu einem großen Teil ausgetrocknet. Er liegt zwischen Kasachstan und Usbekistan und war einmal der viertgrößte Binnensee der Erde. Seit 40 Jahren leitet man aber Wasser aus seinen beiden Hauptzuflüssen, den Flüssen Amudarja und Syrdarja, über Kanäle ab, um die Baumwollfelder der Umgebung zu bewässern. Daher trocknet der See immer mehr aus und ist schon in den Großen und den Kleinen Aralsee zerfallen. Wasser ist ein kostbares Gut geworden. Auch in Teilen Deutschlands wird man in Zukunft wahrscheinlich mehr Kulturpflanzen anbauen müssen, die weniger Wasser brauchen.

Manche Felder werden mit solchen riesigen »Gießkannen« bewässert.

Der Reisanbau

Ob im Flachland oder im Gebirge, in Afrika, Europa oder wie hier in Asien – der Reisanbau ist einer der wichtigsten Bereiche der Landwirtschaft. Reis ernährt drei Milliarden Menschen.

Von allen Getreidesorten besitzt Reis die meisten Nährstoffe. In Teilen Asiens und Afrikas ist er für die Bevölkerung das Hauptnahrungsmittel. Ursprünglich wurde nur in den tropischen Ländern Reis angebaut, in Indien schon vor 10 000 Jahren. Die Pflanze gedeiht aber auch in Afrika südlich der Wüste Sahara.

Reis braucht viel Wasser zum Wachsen. Meist wird er auf kleinen Feldern angepflanzt. Diese Parzellen sind von Dämmen umgeben, die den Monsunregen oder das künstlich zugeführte Wasser stauen. In den tropischen Gebirgsregionen Asiens ziehen die Bauern den Reis an den Berghängen auf künstlich angelegten Terrassen. Die stufenförmigen Reisfelder werden von kleinen Steinmauern gestützt. So können die Reisterrassen bewässert werden und sind gleichzeitig vor Überflutungen geschützt.

Der Reisanbau erfordert viel Geduld. Man sät die Körner zunächst auf speziellen Feldern aus. Nach dem Keimen werden sie einzeln versetzt, also auf ein anderes Feld umgepflanzt. Vor dieser langwierigen Arbeit müssen der Bauer und seine Familie natürlich auch dieses Stück Land pflügen und fluten. Wenn der Reis reif ist, legt man die Parzellen trocken und erntet. Anschließend müssen die Körner von Hand oder mit Maschinen vom Halm getrennt werden. Je nach Region wird zwei oder drei Mal im Jahr geerntet.

Es gibt über 3600 Reissorten, die ursprünglich aus 62 verschiedenen Ländern stammen. Die bekanntesten Reissorten in den Supermarktregalen sind weißer Reis, brauner Reis (Naturreis) und Klebereis (oder Glutenreis) aus China oder Laos. Auch in den gemäßigten Breiten Europas und Amerikas wird mittlerweile Reis angebaut, in Italien und Frankreich seit dem Zweiten Weltkrieg.

Diese unscheinbare Pflanze ist in vielen Teilen der Welt das Grundnahrungsmittel.

Nahrungsmittel aus den Tropen

Kaffee, Tee und Kakao, Bananen, Mangos und Litschis – aus den Tropen kommen leckere und ausgefallene Nahrungsmittel.

Im 19. Jahrhundert waren Kaffee und Kakao und erst recht die kakaohaltige Schokolade ein Luxus, den sich nur reiche Leute leisten konnten. Anfang des 20. Jahrhunderts gab es Orangen ausschließlich in der Weihnachtszeit zu kaufen. Und noch bis vor etwa 30 Jahren waren Kiwis und Litschis in Europa unbekannt. Erst seit wenigen Jahren bieten die Obsthändler an ihren Marktständen das ganze Jahr über Mangos, Granatäpfel und andere exotische Früchte an.

Dass die Früchte aus den tropischen Ländern erst nach und nach den Weg auf unsere Teller gefunden haben, liegt vor allem an dem langen Transportweg: Vor 50 Jahren verfaulten die Bananen noch im Frachtraum der Schiffe, die das Obst von der Elfenbeinküste nach Europa brachten. Es wäre damals beispielsweise ganz unmöglich gewesen, Mangos aus Peru oder dem Senegal nach Europa zu bringen, weil sich diese Früchte nach der Ernte nicht lange halten.

Heute werden viele Südfrüchte im Flugzeug transportiert. Das ist allerdings auch sehr teuer. Außerdem hat das Obst manchmal einen etwas faden Geschmack, weil es schon geerntet wird, bevor es reif ist, damit es während des Transports nicht verdirbt. Einige tropische Früchte, wie die Kiwi zum Beispiel, werden auch in Europa und Nordamerika angebaut.

Die Ananas wächst nicht auf Bäumen, sondern ähnlich wie die Artischocke auf der Erde.

Der Imker und seine Bienen

Wenn der Honig fertig gereift ist, wird er vom Imker geerntet. Er füllt ihn in Gläser ab, um ihn anschließend zu verkaufen.

Schon ägyptische Malereien, die 4000 Jahre alt sind, zeigen Bienenzüchter. Die Biene ist neben der Seidenraupe das einzige Insekt, das als Nutztier gehalten wird, und zwar wegen des wertvollen Honigs. Honig entsteht aus Nektar, dem zuckerhaltigen Saft, den die Bienen aus den Blüten holen. Sie sammeln den Nektar im Honigmagen und bringen ihn zum Bienenstock, wo sie ihn in Waben, sechseckigen Zellen, einlagern. Wenn der Honig fertig ist, verschließen die Bienen die Waben mit einer Wachsschicht.

Der Honig kann ganz unterschiedlich duften und schmecken. Das hängt davon ab, von welchen Pflanzen der Nektar stammt, ob die Bienen ihn zum Beispiel von Wiesenblumen, blühenden Kastanien, Akazien oder von Lavendelblüten sammelten. Der Imker stellt künstliche Bienenstöcke auf, damit sich Bienenvölker dort ansiedeln. Wenn er einen Bienenstock öffnet, trägt er einen Overall und einen Hut mit Netz, um sich vor den Bienen zu schützen. Bienen verlieren beim Stechen zwar ihren Stachel und sterben anschließend, doch wenn sie sich bedroht fühlen, nehmen sie ihren Tod in Kauf. Der Imkeranzug ist hell, weil die Bienen dunkle Farben als Gefahr wahrnehmen. Damit die Bienen ihn nicht angreifen, räuchert der Imker den Bienenstock auch ein: Dann fliegen sie davon und kehren erst zurück, wenn sich der Rauch verzogen hat.

Viele Bienen werden heute von chemischen Stoffen vergiftet, die Landwirte auf den Feldern zum Schutz gegen Ungeziefer verspritzen. Die Imker fordern, dass diese Schädlingsbekämpfungsmittel verboten werden, denn ohne Bienen werden die Pflanzen nicht mehr bestäubt.

Die Bienenkönigin ist größer als die Arbeiterinnen, die das Bienenvolk am Leben halten.

In jedem Bienenstock gibt es nur eine Königin, die Eier legt.

Auf dem Markt

Wer gesund bleiben will, sollte fünf Mal am Tag eine Portion Obst und Gemüse essen. Das ist ein guter Grund, auf den Markt zu gehen und aus den vielen Produkten das Beste auszuwählen.

Als es noch keine großen Supermärkte gab, kauften die Leute frisches Obst und Gemüse, aber auch viele andere Lebensmittel und Haushaltswaren auf dem Wochenmarkt ein. Die meisten kleineren Dorfmärkte sind nach und nach verschwunden, doch in fast jeder Stadt kann man noch auf dem Markt einkaufen gehen. Manche Märkte sind sehr groß, zum Beispiel der Viktualienmarkt in München. Auf diesem einstigen Bauernmarkt bieten von Montag bis Samstag 140 Händler Blumen, Obst, Gemüse, Wild, Geflügel, Gewürze, Käse, Fisch, Säfte und vieles mehr an. In den kleineren Städten wird an einem festen Wochentag ein Wochenmarkt abgehalten.

Im Winter und in den nördlichen Ländern wird der Markt auch in überdachte Gebäude verlegt, sogenannte Markthallen. Der Besuch einer Markthalle ist ein besonderes Erlebnis, denn hier duftet es nach allen möglichen exotischen und regionalen Leckereien.

Auf dem Markt können die Kunden direkt bei dem Bauern einkaufen, der das Obst und Gemüse anbaut, ihn um Tipps für die Zubereitung bitten und mit ihm den Preis verhandeln. Auch viele Berufe, die mit der Landwirtschaft zusammenhängen, sind auf dem Markt vertreten: Bäcker, Imker, Käser, Metzger, Obst- und Gemüsehändler, Blumenhändler, Fischhändler und andere mehr.

Das Angebot auf dem Wochenmarkt ist verlockend. Die Lebensmittel schmecken oft besser als die aus dem Supermarkt, weil sie frischer und natürlicher sind: Man bekommt frisch gelegte Eier oder Karotten, an denen noch Erde hängt, Wurst vom Biobauern oder frischen Salat.

In den Supermärkten Europas wird das Fleisch in großen Kühlräumen gelagert.

Der Klimawandel

Ausgedörrte und aufgerissene Erde:
Das Bild entstand nicht etwa in Afrika, sondern in Europa nach einer langen Hitzewelle.

Seit Jahren sagen die Forscher große Klimaveränderungen voraus, das zeigt uns Menschen, dass wir unser Verhalten ändern müssen. Unsere Autos und Fabriken stoßen zu viel schädliche Stoffe aus. Und wenn sich die Schadstoffe in der Lufthülle unseres Planeten vermehren, dann wird es auf der Erde immer wärmer.

Der Klimawandel, so nennt man dieses Problem, ist für einige Regionen auf der Erde erst einmal gut: Die Pflanzen wachsen schneller und reifen früher. In Nordamerika und Sibirien zum Beispiel kann das wärmere Wetter den Bauern höhere Ernten bringen. Anderswo auf der Welt werden sich die Früchte verändern, zum Beispiel der Wein: Die Weinlese kann in manchen Regionen wegen der Wärme bis zu drei Wochen früher beginnen. Die Trauben schmecken dann süßer, weil sie mehr Zucker enthalten, und auch die Weine verändern sich, weil sie mehr Alkohol haben.

In anderen Gebieten dagegen werden die Böden immer trockener werden, und deshalb wird es immer schwieriger werden, Getreide anzubauen. Vor allem in Asien werden wegen des Klimawandels lange Dürreperioden herrschen und danach starke Regenfälle niedergehen. Das hat zum Beispiel für den Reisanbau schlimme Folgen: Die starke Feuchtigkeit wird dazu führen, dass sich Schädlinge und Krankheiten vermehren und der Boden nicht mehr so fruchtbar ist. Deswegen werden die Menschen wahrscheinlich in Zukunft weniger Reis anbauen können. Dabei ist doch gerade diese Pflanze so wichtig für die Bevölkerung in den armen Ländern!

In Südeuropa dringt der Sand in die Weinfelder vor. Die Weinstöcke werden bald verschwinden.

Landwirtschaft und Wetter

Wenn es spät im Frühjahr noch Frost gibt, kann es geschehen, dass keine Insekten fliegen oder die Blüten erfrieren. Dann ist die gesamte Obst- oder Gemüseernte in Gefahr.

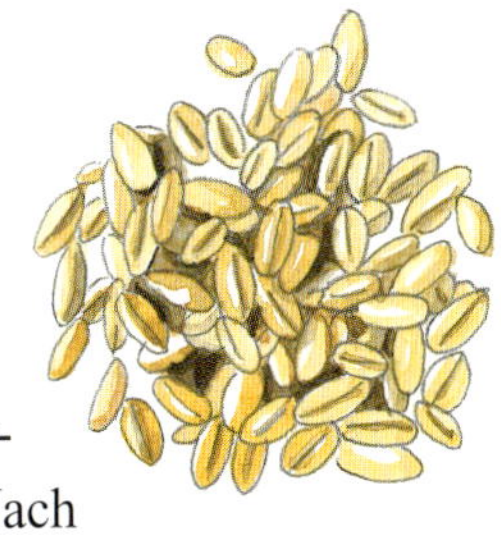

Schon kleine Wetterveränderungen verändern das Wachstum von Pflanzen. Nach einem milden Winter zum Beispiel bilden die Obstbäume oft sehr früh Knospen aus. Wenn es dann zur Blütezeit im Frühjahr noch einmal Frost gibt, erfrieren die Blüten, und die Ernte bleibt aus. Auch ein einziger Hagelsturm kann die gesamte Obst- oder Getreideernte zunichte machen oder die Weintrauben eines ganzen Weinbergs zerstören.

Im Sommer droht Gefahr durch Trockenheit und starke Hitze. In einem trockenen Sommer wächst das Gras langsamer. Dadurch können die Bauern nicht so viel Heu ernten. Regnet es längere Zeit nicht, dann leidet auch das Getreide.

Landwirte kennen sich seit jeher gut mit dem Wetter aus. Ein Blick in den Himmel und auf ihre Tiere sagt ihnen oft, wie das Wetter in den nächsten 24 Stunden werden wird. Das ist auch wichtig, denn wenn ein Gewitter droht, müssen sie vorher noch schnell das Heu einholen oder das reife Getreide ernten. Die Erfahrungen der Bauern, die sie über Jahrtausende auf diese Weise gesammelt haben, finden sich in vielen Bauernregeln wieder, zum Beispiel in dieser: »Regnet es am Siebenschläfertag, der Regen sieben Wochen nicht weichen mag.«

Kulturpflanzen wie dieser Mais gehen bei großer Trockenheit ein, wenn sie nicht bewässert werden.

Biolandwirtschaft und fairer Handel

Ein Flugzeug versprüht Mittel gegen Schadinsekten und Unkräuter auf dem Feld. Die Biolandwirtschaft muss ohne solche wirksamen, aber giftigen Mittel auskommen.

Die Landwirtschaft muss weltweit immer mehr Menschen ernähren. Gleichzeitig sollen ihre Erzeugnisse möglichst wenig Reste chemischer Stoffe enthalten. Das ist fast unmöglich: Die Menschen auf der Welt benötigen immer mehr Lebensmittel, und gleichzeitig gibt es immer weniger Bauern. Um mehr ernten zu können, werden die Pflanzen deshalb mit chemischem Dünger versorgt und mit Spritzmitteln behandelt.

Damit nicht mehr so viel gespritzt werden muss, haben Wissenschaftler Samen entwickelt, die man als »gentechnisch verändert« bezeichnet. Sie haben die Samen so verändert, dass die Pflanzen widerstandsfähiger sind gegen Insekten, Bakterien und Krankheiten. Sind damit alle Probleme gelöst? Leider nicht! Zwar spart man mit gentechnisch verändertem Saatgut Dünger, aber man weiß noch nicht, welche Auswirkungen dieses neue Saatgut auf andere Pflanzen, auf Wildtiere und auch auf die Gesundheit der Menschen hat. Menschen, die für das veränderte Saatgut sind, und solche, die es ablehnen, diskutieren seit einigen Jahren leidenschaftlich diese Fragen.

Was möchten wir essen und trinken? Chemisch behandelte (gentechnisch veränderte) Lebensmittel oder teurere, aber natürlichere Bioprodukte? Am Ende entscheidet der Kunde im Laden mit seiner Auswahl der Lebensmittel, welche Form der Landwirtschaft sich im nächsten Jahrhundert durchsetzen wird.

Menschen demonstrieren gegen gentechnisch verändertes Saatgut.

Lebendige Landwirtschaft

In Getreidefeldern verbergen sich Tiere und Pflanzen, die wichtig für eine saubere, vielfältige und gesunde Umwelt sind.

Nach dem Zweiten Weltkrieg wollten die Menschen in den Industrieländern Europas und Nordamerikas, dass auf ihren Böden neben den Kulturpflanzen keine anderen Pflanzen und Tiere lebten, die ihnen Nährstoffe wegschnappen könnten. Also verbannten sie mit chemischen Stoffen »Ackerunkraut« wie die schönen Mohn- und Kornblumen von den Feldern. Gespritzt wurde auch gegen Insekten, die der Ernte gefährlich werden konnten.

Auf diese Weise starben aber Pflanzen- und Tierarten nach und nach aus. Kornblumen, Feldlerchen, Schwalben, Zwergmäuse oder Feldratten sind heute selten geworden. Weil aber auf den großen Feldern immer weniger wild lebende Arten lebten, vermehrten sich andere Insekten, Bakterien und Unkräuter, die nun keine Feinde mehr hatten. Die Bauern wurden sie nur mit Mühe wieder los, indem sie noch mehr chemische Stoffe einsetzten. Auf diese Weise sind nur noch wenige wilde Pflanzen- und Tierarten übrig geblieben.

Heute will man, dass möglichst viele verschiedene Pflanzen und Tiere in der Natur beheimatet sind. Daher unterstützen die Länder ihre Bauern mit Geld, wenn diese eine umweltfreundliche Landwirtschaft betreiben: Wenn sie weniger giftige Spritzmittel verwenden und auf ihren Getreidefeldern auch Wildpflanzen wachsen lassen und wilde Tiere leben lassen, werden sie belohnt!

Auch wilde Tiere sollen auf den Feldern ein Zuhause haben.

Die Bauern in Literatur und Kunst

Der niederländische Maler Vincent van Gogh liebte Getreidefelder. In einem Künstlerdorf in der Nähe von Paris malte er 1890 das Bild *Weizenfeld mit Raben.*

Die Landwirtschaft hat Künstler schon immer beeindruckt. Sie bestimmte ja auch jahrtausendelang das Leben der Menschen. Bauern, ihre Tiere, Höfe und Felder finden sich daher schon auf vorzeitlichen Felsmalereien und antiken Fresken (Wandmalereien auf feuchtem Putz). Auch viele Dichter ließen sich vom Landleben anregen. Die Griechen und Römer schufen sogenannte Hirtengedichte, die vom idyllischen Leben der Schaf- und Ziegenhirten handelten. Der römische Schriftsteller Vergil verfasste zum Beispiel solche Verse. Um 28 v. Chr. vollendete er seine *Georgica*. Diese Gedichte vom Landbau waren zugleich schön und nützlich, denn der Leser konnte daraus etwas über landwirtschaftliche Methoden lernen. Heute gibt es dafür natürlich Lehrbücher.

Der Maler Pieter Brueghel der Ältere, der im 16. Jahrhundert in Flandern (der nördlichen Region des heutigen Belgiens) lebte, beschäftigte sich so ausgiebig mit dem bäuerlichen Leben, dass er heute auch unter dem Beinamen Bauernbrueghel bekannt ist. Berühmt sind die Gemälde *Bauernhochzeit*, *Bauerntanz* und seine Jahreszeitenbilder, auf denen er unter anderem die Heuernte, die Kornernte und die Heimkehr der Herde darstellte. Auch Jean-François Millet, ein französischer Künstler des 19. Jahrhunderts, malte gerne die bäuerliche Welt. Wenn man seine Bilder genau betrachtet, dann kann man nachfühlen, wie sehr er sich nach einem einfachen Leben auf dem Land sehnte. Millet lebte nämlich in einer Zeit, in der in den Städten mehr und mehr Fabriken gebaut wurden und die Bauern ihre Höfe verließen, um dort Arbeit zu suchen.

Vincent van Gogh wuchs auf dem Land auf. Die Arbeit auf dem Feld war ihm von Kindheit an vertraut.

BILDNACHWEIS

Umschlagabbildung vorne und S. 66–67 © Emile Luider/Rapho

S. 12–13 © Jose Fuste Raga/Corbis

S. 14–15 © Bettmann/Corbis

S. 16–17 © Bios/Perelle Christophe, © Dlillc/Corbis

S. 18–19 © Thiriet Claudius/Grandeur Nature/Jacana

S. 20–21 © akg-images/Paul Almasy, © Randy Wells/Corbis

S. 22–23 © Gideon Mendel/Corbis

S. 24–25 © Bios/Barbier Elyas

S. 26–27 © Gérard Sioen/Rapho

S. 28–29 © Jacques Robert/Jacana, © Philippe J. Dubois, © Mauritius/Photononstop

S. 30–31 © Julie Habel/Corbis, © Age Fotostock/Hoa-Qui, © Kus/Plainpicture/Ghfp

S. 32–33 © Mauritius/Photononstop

S. 34–35 © Philippe J. Dubois

S. 36–37 © Dugast J.-L./Jacana, © Dugast J.-L./Hoa-Qui

S. 38–39 © Jeronimo Alba/Age Fotostock/Hoa-Qui

S. 40–41 © Joubert Jean-Denis/Hoa-Qui

S. 42–43 © Berbain D./Explorer

S. 44–45 © Tiziou/Photononstop, © Thomas Dupaigne/Grandeur Nature/Hoa-Qui

S. 46–47 © Gilles Rigoulet/Hoa-Qui

S. 48–49 © Richard Decker/Photononstop

S. 50–51 © Simeone/Photononstop

S. 52–53 © Bios/Bergerot Sylvie & Robert Eric

S. 54–55 © Yann Layma

S. 56–57 © Hans Reinhard/Zefa/Corbis, © Toño Labra/Age Fotostock/Hoa-Qui

S. 58–59 © Scott T. Smith/Corbis

S. 60–61 © Jean-Luc Manaud/Rapho

S. 62–63 © Yann Guichaoua/Hoa-Qui, © Claudius Thiriet/Grandeur Nature/Hoa-Qui

S. 64–65 © Bios/Thaïs A.

S. 68–69 © Ron Sanford/Corbis

S. 70–71 © Cordier Sylvain/Jacana

S. 72–73 © Francis G. Mayer/Corbis

Die Vielfalt der Welt

978-3-89660-**401**-9
€ [D]14,95 [A]15,40 sFr 27,40

978-3-89660-**222**-0
€ [D]14,95 [A]15,40 sFr 27,40

978-3-89660-**165**-0
€ [D]14,95 [A]15,40 sFr 27,40

978-3-89660-**429**-3
€ [D]14,95 [A]15,40 sFr 27,40

... für Kinder erzählt

978-3-89660-**244**-2
€ [D]14,95 [A]15,40 sFr 27,40

978-3-89660-**117**-9
€ [D]14,95 [A]15,40 sFr 27,40

978-3-89660-**303**-6
€ [D]14,95 [A]15,40 sFr 27,40

978-3-89660-**167**-4
€ [D]14,95 [A]15,40 sFr 27,40